亲爱的小孩，你来啦！

育字园 会员成长手册

亲爱的小孩，你来啦！

育学园宝贝成长手账

崔玉涛的育学园 著

中信出版集团 · 北京

图书在版编目（CIP）数据

亲爱的小孩，你来啦！：育学园宝贝成长手账 / 崔
玉涛的育学园著 . -- 北京：中信出版社，2018.9
ISBN 978-7-5086-9022-3

Ⅰ . ①亲… Ⅱ . ①崔… Ⅲ . ①婴幼儿－哺育－通俗读
物 Ⅳ . ① TS976.31-49

中国版本图书馆 CIP 数据核字 (2018) 第 116900 号

亲爱的小孩，你来啦！：育学园宝贝成长手账

著　　者：崔玉涛的育学园
出版发行：中信出版集团股份有限公司
　　　　　（北京市朝阳区惠新东街甲 4 号富盛大厦 2 座　邮编　100029）
承 印 者：北京汇瑞嘉合文化发展有限公司

开　　本：787mm×1092mm　1/16　　　印　　张：13.5　　　字　　数：110 千字
版　　次：2018 年 9 月第 1 版　　　　　印　　次：2018 年 10 月第 2 次印刷
广告经营许可证：京朝工商广字第 8087 号
书　　号：ISBN 978-7-5086-9022-3
定　　价：99.00 元·

出　　品：中信儿童书店
策　　划：中信出版·如果童书
策划编辑：李　想
责任编辑：曹红凯
营销编辑：王馨可
封面设计：刘潇然
版式设计：水玉银文化
内文排版：北京沐雨轩文化传媒有限公司

用心·记录　珍藏·过往　我们一起成长

致亲爱的 爸爸妈妈

恭喜你，迎来了期待已久的新生命。回忆值得珍藏，希望这本小小手账，能帮你留住和宝宝相处第一年的过往。

在手账里，你可以记下小家伙儿令人难忘的成长瞬间、你的育儿心得，也可以用有趣的手工留下每个里程碑的痕迹。在每个月末尾处，我们还设计了打卡任务和"随便记记"，帮你更好地规划每日育儿生活，捕捉美好瞬间。

在手账的结尾处，附有"宝宝大事记"照片记录册，把你记录下的宝宝的各种第一次，都贴在那里吧。另外，手账后还附有"宝宝第一年的账单"，方便你较为概括地了解宝宝的日常基本支出情况，更有助于做出新一年家庭财务规划。

另外，在手账里，你还会不时看到一些育儿小贴士，如果想了解更多内容，别忘了去育学园 App 中学习哟。

更多手账玩法
扫码查看

感谢你，
来到我身边

（宝宝出生后的第一个月）

嗨，小家伙儿

初次见面，很高兴认识你

我们也是第一次做爸爸妈妈

不周之处，还请你多担待

我们会努力再努力，成为最好的父母

今生，我们一起成长

粘贴照片处

人生
第一张小·照

十月陪伴

今日终于相见

所有辛苦

全都在见到你的那一瞬间

烟消云散

亲爱的宝贝，
感谢相遇。
爸爸妈妈想对你说……

你希望宝宝长大后成为怎样的人？

写下你想对宝宝说的成长寄语吧。

宝 宝 档 案

用工整的字迹，写下宝宝的名字：_____

谁为宝宝取的名字：_____

宝宝名字的寓意：_____

宝宝的出生时间：公元 _____ 年 _____ 月 _____ 日 _____ 时 _____ 分

　　　　　　　　农历 _____ 年 _____ 月 _____ 日

出生地点：_____

身长：_____ cm　体重：_____ g

头围：_____ cm　血型：_____

留下小小的印记

在这一页，留下宝宝的手印和脚印吧。

如果不想使用印泥或颜料，

也可以描下小手和小脚的轮廓，

然后发挥想象，装饰一下。

Q: 宝宝出现黄疸怎么办？

A: 新生儿黄疸是由于宝宝肝脏功能还未发育健全导致的，通常在出生后 2～3 天开始显现，大部分属于生理性黄疸，2 周左右就能自动消退。这种情况下，坚持母乳喂养可加快黄疸消退。

还有其他育儿问题，
可以在育学园 App 中搜一搜哦

宝宝的第一张 "身份证"

写着出生时间的手环/脚环，

是宝宝的第一张"身份证"。

如此有纪念意义的小物件，一定要认真留好。

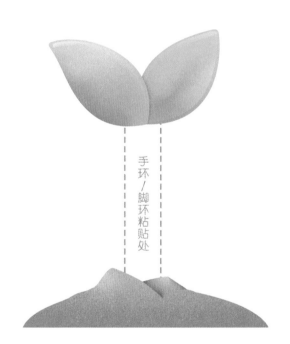

手环/脚环粘贴处

—— 育儿加油站 ——

Q： 宝宝体重不增反降，是因为母乳不足吗？

A： 新生儿出生一周后体重下降大多是正常现象，只要减轻的重量
没有超过出生体重的 7%，就应坚持母乳喂养，不需要额外添
加配方奶粉。

毛茸茸的
纪念

你的宝宝胎发浓密吗?

还是只有稀疏的几根?

留好满月时剃下的胎发,

做一幅胎毛画,将初生的毛茸茸永存在这里。

：怎么判断宝宝吃饱了?

A： ①每天哺乳 8 ~ 12 次,每次宝宝吸吮单侧乳房可达 15 ~ 20 分钟。

②哺乳时,能明显听见宝宝的吞咽声。

③每天至少尿湿 5 ~ 6 片纸尿裤,排便 2 ~ 5 次,每次排便量大于 1 汤匙。

宝宝满月啦！
在这个月里，
你是否多了些终生难忘的回忆？

你最开心的事 _____

_____

你最激动的时刻 _____

_____

你最艰难的时刻 _____

_____

你最崩溃的时刻 _____

_____

最幸福的
疼痛

一个月过去了，
你还记得生产时的疼痛吗？
回忆当时的情景，
记录下分娩的过程吧。

育儿就像升级打怪，
每天都有任务等着你

月	1	2	3	4	5	6	7	8	9	10	11	12	13	14	15
晒太阳															
抚触															
补维生素D															
练习俯卧															
讲故事															
听音乐															

如果认真完成了某项任务，

记得在当天的日期下打个卡。

当然，不要让"完成任务"变成压力，

带着轻松快乐的心情认真陪伴宝宝最重要！

在表格最下方，为你留出了自填区域，

可以把你和宝宝独有的特别任务填进去。

月	16	17	18	19	20	21	22	23	24	25	26	27	28	29	30	31
晒太阳																
抚触																
补维生素 D																
练习俯卧																
讲故事																
听音乐																

今天，
我想对你说······

粘贴照片处

虽然宝宝还不会说话，

但仍然渴望和你交流。

记下你每天和宝宝说得最频繁的一句话吧。

随便记记

星期	日期	记录	星期	日期	记录	星期	日期	记录

这个月里，还有哪些让你难忘的事情呢?

一并记录下来吧，

别忘了填上当天的日期哟。

星期	日期	记录	星期	日期	记录	星期	日期	记录

满月照片墙

时光静静流淌，一月之间，小小人儿已经悄悄变了模样。记录下宝宝有趣的表情包吧，你可以按照主题要求拍照，当然，也欢迎自由发挥哟！

本宝宝哭了

正面严肃脸

哈哈哈

宝宝本月学到了哪些新技能呢?

不妨也用照片记录下来吧。

俯卧

这张就自由发挥吧

眼睛追物

我们
已慢慢熟络

（宝宝出生后的第2个月）

宝宝，你知道吗

你来到我们身边这一个月以来

爸爸妈妈已改变许多

我们在变得坚强

也在变得脆弱

愿尝遍为人父母的甘苦

愿一生把你牵挂在心

亲爱的宝贝，
你长大了一些……

不知不觉，一个月过去了，刚刚出生时的衣服竟然已经变得又紧又小。

身长：＿＿＿＿＿ cm

体重：＿＿＿＿＿ kg

头围：＿＿＿＿＿ cm

 Q： 怎么知道宝宝生长得好不好呢？

A： 从宝宝出生开始，每月测量身长、体重和头围，并把数值记录在育学园 App 中，系统会自动绘制生长曲线走势图，并给予专业指导。切记，不要和周围同龄孩子做横向比较。

关于
第一次剪指甲的回忆……

为宝宝剪下指甲的一瞬间，有没有紧张得手心冒汗？

当时什么感受？记下来吧。

最初的偏爱

宝宝目前最喜欢的玩具是什么呢?

安抚巾还是摇铃?抑或是并非玩具的日用品?

拿起笔,画下来吧。

带宝宝打疫苗

满月打疫苗时，宝宝哭了吗？写写当时的情况吧。

_____

_____

_____

_____

_____

_____

育儿加油站

Q： 一类疫苗和二类疫苗有什么区别？

A： 一类疫苗免费，二类疫苗自费，但二者只代表费用和管理方式不同，在疫苗的效果和接种必要性上，二者并无差别。如果经济条件允许，建议全部为宝宝接种。

让人崩溃的记忆

育儿生活并不总是岁月静好，恬淡安宁。

慌乱、烦躁与崩溃是躲不掉的插曲。

然而多年后再回忆，才发现正是泪与笑的交织，

才组成了最立体的生活。

有了宝宝后，你最崩溃的一件事是什么？来吐槽一下吧。

：宝宝总是突然哭闹不停，怎么回事？

A： 宝宝突然哭闹很可能是发生了肠绞痛，由肠道还未发育完全导致，并不会剧烈疼痛。但是由于每次疼痛突如其来，宝宝还是会突然哭起来，并且很难安抚。家长可以尝试让宝宝趴着或吮吸安抚奶嘴来缓解。

育儿就像升级打怪，
每天都有任务等着你

月	1	2	3	4	5	6	7	8	9	10	11	12	13	14	15
晒太阳															
抚触															
补维生素 D															
练习俯卧															
讲故事															
听音乐															

上个月的打卡任务完成得如何?

本月继续加油吧。

自填区域,

仍然是留待你发挥创意的哟。

月	16	17	18	19	20	21	22	23	24	25	26	27	28	29	30	31
晒太阳																
抚触																
补维生素 D																
练习俯卧																
讲故事																
听音乐																

今天，
我想对你说……

日期	一句话

度过了不知该如何与宝宝交流的第一个月，

在第二个月你们有没有一些话题了呢?

继续把每天的"经典语录"记下来吧。

日期	一句话

随便记记

星期	日期	记录	星期	日期	记录	星期	日期	记录

有什么值得纪念的"小确幸",

一并记录下来吧,

别忘了填上当天的日期哟。

星期	日期	记录	星期	日期	记录	星期	日期	记录

宝宝两个月啦

这个月，

你与宝宝相处得如何？

小家伙儿学会了什么新本领？

你又对育儿生活有了什么感悟？

随便聊聊吧。

两个月照片墙

本月最萌时刻

正面严肃脸

小家伙的新本领

我们
越来越亲近

（宝宝出生后的第三个月）

宝宝

转眼，我们已经认识两个月

虽不足以让我们完全互相了解

但是，我感受得到

我们都在努力融入对方的生活

成为彼此最亲近的人

亲爱的宝贝，
你又长大了一些

不知不觉，两个月过去了，

宝宝又长高了不少，

胖得都有双下巴了吧?

刚刚进入人生第三个月的宝宝:

身长: _____ cm

体重: _____ kg

头围: _____ cm

Q: 为什么要给宝宝补充维生素 D ?

A: 维生素 D 能够使钙元素通过血液到达并沉积在骨骼内，促进骨骼
的生长。妈妈的乳汁虽然营养丰富，但维生素 D 含量低，建议每
天为宝宝补充 400IU 维生素 D。

别忘了到育学园
记录宝宝生长情况哟

带宝宝散步

每天记得带宝宝到户外接受一下阳光的沐浴。

画下你常走的散步路线图，

还可以记下散步装备清单哟。

我和宝宝的散步路线图

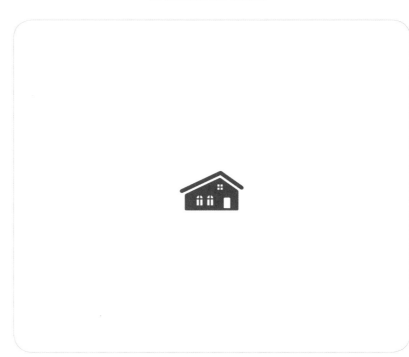

我和宝宝的散步装备清单

我家有个超级奶爸

爸爸，是孩子成长中不可或缺的重要角色。

从娃出生到现在，

你家的爸爸表现怎么样？

耐心：☆ ☆ ☆ ☆ ☆

细心：☆ ☆ ☆ ☆ ☆

知识储备：☆ ☆ ☆ ☆ ☆

实操技能：☆ ☆ ☆ ☆ ☆

最擅长的事：_____

最不擅长的事：_____

最长独自带娃时间：_____

请爸爸在这里写下带娃感受

_____

_____

_____

宝宝的玩具

日夜陪伴宝宝的玩具，印满了成长的痕迹，

留下一些和玩具有关的纪念吧。

把玩具包装或者说明书照片贴在这里

小家伙儿喜不喜欢？玩得开心吗？记录下来吧。

宝宝的小脾气

和宝宝相处了这么久,

摸清宝宝的脾气了吗?

他是个"暴脾气",还是个"小温柔"呢? 记下来吧。

_____

_____

_____

_____

_____

育儿加油站

: **宝宝的大便中为什么有白色的奶瓣?**

A: 宝宝的大便中有奶瓣十分常见,主要原因是消化系统不够成熟,未消化完全的蛋白质就会形成奶瓣。如果宝宝的排便规律、排便量适中、不伴有明显臭味或异常颜色,也没有频繁及严重的肠胀气或肠绞痛,就不用担心。通常这种情况在宝宝 4 ~ 6 月龄会逐渐缓解。

育儿就像升级打怪，
每天都有任务等着你

月	1	2	3	4	5	6	7	8	9	10	11	12	13	14	15
晒太阳															
抚触															
补维生素D															
俯卧抬头															
练习翻身															
看绘本															
讲故事															
听音乐															
出门散步															

打卡这件事，

对你来说是否已经轻车熟路了呢?

这个月，也要继续坚持哟。

月	16	17	18	19	20	21	22	23	24	25	26	27	28	29	30	31
晒太阳																
抚触																
补维生素 D																
俯卧抬头																
练习翻身																
看绘本																
讲故事																
听音乐																
出门散步																

使用育学园 App 记录功能
记录喂奶、排便、睡眠情况，帮你调节宝宝日常规律

今天，
我想对你说……

日期	一句话

相信经过两个月的练习，你已完全摆脱了无话可

说的尴尬。那么，这个月你和宝宝交流时，

会聊些什么轻松话题呢？

日期	一句话

随便记记

星期	日期	记录	星期	日期	记录	星期	日期	记录

这个月的难忘回忆，

怎么能让它悄悄溜走？

写下来，

别忘了填上当天的日期哟。

星期	日期	记录	星期	日期	记录	星期	日期	记录

宝宝三个月啦

这个月，你与宝宝相处得如何？

宝宝学会了什么新本领？你又在哪方面有了成长？

对于育儿生活有了什么感悟？随便聊聊吧。

三个月照片墙

思考人生

正面严肃脸

和最爱的玩具合影

嘿，宝宝，
你越来越可爱

（宝宝出生后的第四个月）

宝宝

还记得第一次见你时

你哭得好用力

皱巴巴的小脸憋成了紫红色

像一只可爱的小精灵

再看现在的你

白白胖胖

像年画里的娃娃

亲爱的宝贝，
你又长大了一些

马上，

就要迎来成长的第二个里程碑，

快满百天的宝宝，

明显长大了不少。

身长：_____ cm

体重：_____ kg

头围：_____ cm

 Q： 宝宝是个"小睡渣"，怎么办？

A： 想让宝宝睡好觉，首先，要帮宝宝建立昼夜观念，白天入睡时不必拉窗帘，家人也不必刻意轻声细语，晚上睡觉时，不要开夜灯。其次，不要人为干扰宝宝的睡眠，例如叫醒宝宝吃夜奶，频繁给宝宝换纸尿裤，或是宝宝一动，家长就拍哄、盖被子，这样反而容易唤醒宝宝。

别忘了到育学园
记录宝宝生长情况哟

宝宝的百天留念

宝宝来到这个世界已经 100 天了，

在这个值得纪念的日子留个影吧。

百天照

百天全家福

宝宝的第100天

宝宝百天，有没有设宴?

这天有什么特别的回忆?

记下来吧。

把与宝宝百天有关的、最有纪念意义的小物件，装入书后的"百日纪念封"里，粘贴在这一页吧。

宝宝的日常

我们相处已百天有余，一个个琐碎的小日常，

拼成了生活的"小确幸"，在下面的表里，记下你们的日常吧。

时刻	宝宝在做什么	父母在做什么

重返职场，
你准备好了吗？

要重返职场了吧？谁帮你照顾宝宝呢？

他能接受用奶瓶吃奶吗？上班后，还继续喂母乳吗？

又或者，你准备一直在家陪伴孩子成长？无论你的想法如何，

写下你对未来的规划和期待吧。

_____

_____

_____

_____

_____

—— 育儿加油站——

 怎么帮助宝宝练习翻身？

A： 宝宝刚开始有想要翻身的尝试时，动作艰难而笨拙，但家长最好不要干涉，让宝宝自己掌握节奏。家长可以在宝宝要翻过去的一侧放置他喜欢的东西进行诱导，直到他自己完成全部翻身动作，家长要做的就是耐心等待。

育儿就像升级打怪，
每天都有任务等着你

月	1	2	3	4	5	6	7	8	9	10	11	12	13	14	15
抚触															
补维生素 D															
练习翻身															
看绘本															
手抓玩具															
讲故事															
听音乐															
出门散步															

你们之间的专属任务是否越来越多了呢？

别懈怠，按时完成任务来打卡吧。

月	16	17	18	19	20	21	22	23	24	25	26	27	28	29	30	31
抚触																
补维生素 D																
练习翻身																
看绘本																
手抓玩具																
讲故事																
听音乐																
出门散步																

今天，
我想对你说……

日期	一句话

是不是觉得，

每天可以给他讲的事情越来越多？

交流，让生活充满滋味。

日期	一句话

随便记记

星期	日期	记录	星期	日期	记录	星期	日期	记录

这里,

属于那些不想忘记的回忆,

别忘了填上当天的日期哟。

星期	日期	记录	星期	日期	记录	星期	日期	记录

宝宝四个月啦

这个月，你与宝宝相处得如何？

宝宝学会了什么新本领？你又在哪方面有了成长？

对于育儿生活有了什么感悟？随便聊聊吧。

四个月照片墙

户外美照

正面严肃脸

我的新衣服

你的笑，
像五月的太阳

（宝宝出生后的第五个月）

你的笑

像五月的太阳

温暖又不炽热

如果深情地望着你

你的眸子还会闪着光

映出我此刻幸福的样子

成长
的印记

记录成长，

更多是为了回顾时，

享受见证变化时的惊喜。

身长：_____ cm

体重：_____ kg

头围：_____ cm

 Q: 宝宝总是什么都放进嘴里啃，怎么办？

A: 宝宝越来越喜欢用嘴巴"品尝"周围的世界，这是因为宝宝处于口欲期，本能地想通过吸吮、咀嚼和吞咽等动作来获得满足，这也是宝宝感知世界的一种方式，所以，只要他"品尝"的东西是安全无害的，家长就不必急于制止，随着宝宝逐渐成长，这个现象就会随之消失。

别忘了到奇学园
记录宝宝生长情况哟

宝宝长大啦！

刚出生的时候，宝宝是那么瘦小，

如今，他已经长高、长胖了那么多，

刚出生时的衣服早就小了。

虽然这些衣服再也穿不上了，但是很有纪念意义。

挑选一件宝宝穿小的衣服，按照下页的形状制作一幅剪贴画吧！

你也可以剪贴宝宝的名字或名字拼音的首字母哟。

衣服的照片

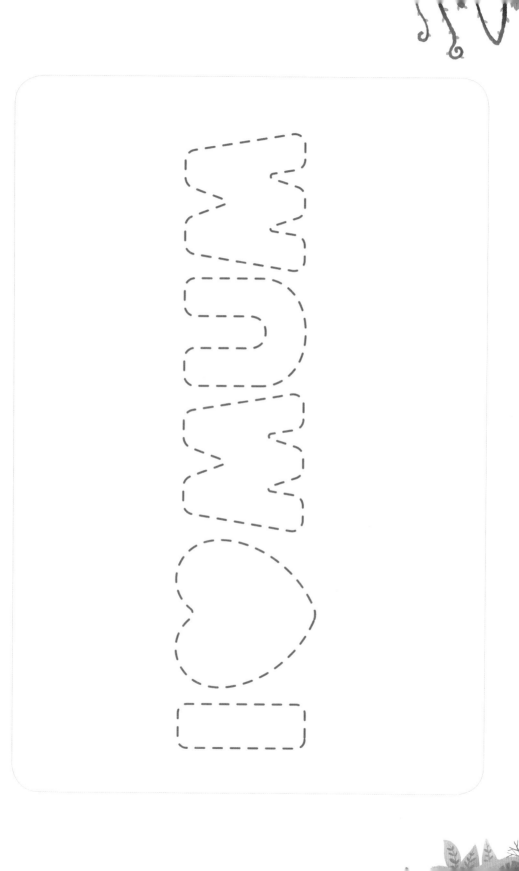

值得纪念的小·细节

最近宝宝夜醒几次？ _____

最喜欢的动作： _____

最喜欢的玩具： _____

每天外出的时间、地点： _____

每天和谁相处时间最长？ _____

第一个同龄的朋友是谁？ _____

第一次翻身的日期： _____

平时，谁为宝宝做这些？

为宝宝洗澡的是：＿＿＿＿＿＿＿＿＿＿＿＿＿＿＿＿＿＿＿＿

为宝宝做抚触的是：＿＿＿＿＿＿＿＿＿＿＿＿＿＿＿＿＿＿＿

为宝宝剪指甲的是：＿＿＿＿＿＿＿＿＿＿＿＿＿＿＿＿＿＿＿

为宝宝换纸尿裤的是：＿＿＿＿＿＿＿＿＿＿＿＿＿＿＿＿＿＿

为宝宝洗衣服的是：＿＿＿＿＿＿＿＿＿＿＿＿＿＿＿＿＿＿＿

每天陪宝宝睡觉的是：＿＿＿＿＿＿＿＿＿＿＿＿＿＿＿＿＿＿

带宝宝出去散步的是：＿＿＿＿＿＿＿＿＿＿＿＿＿＿＿＿＿＿

育儿加油站

 什么时候可以添加辅食？

A： 对健康的宝宝来说，应该在满6月龄（也就是出生后满180天）时添加辅食。辅食是指除了母乳和配方奶粉以外的任何食物（果汁也算辅食），宝宝的第一口辅食应该选择富含铁的婴儿营养米粉。

育儿就像升级打怪，
每天都有任务等着你

月	1	2	3	4	5	6	7	8	9	10	11	12	13	14	15
抚触															
补维生素 D															
翻身															
看绘本															
讲故事															
听音乐															
出门散步															
聊天															

打卡是否已经成了你育儿生活里不可或缺的一部分？

好习惯要坚持哟。

月	16	17	18	19	20	21	22	23	24	25	26	27	28	29	30	31
抚触																
补维生素 D																
翻身																
看绘本																
讲故事																
听音乐																
出门散步																
聊天																

随便记记

星期	日期	记录	星期	日期	记录	星期	日期	记录

用笔,

留住时光的痕迹。

别忘了填上当天的日期哟。

星期	日期	记录	星期	日期	记录	星期	日期	记录

宝宝五个月啦

这个月，你与宝宝相处得如何？

宝宝学会了什么新本领？你又在哪方面获得了新的成长？

是不是已经重返职场？还适应吗？

对于兼顾工作和育儿的生活，你有什么新的领悟？随便聊聊吧。

五个月照片墙

我的微笑

正面严肃脸

我的睡颜

你像
一个小·精灵

（宝宝出生后的第六个月）

你学会了抬头、翻身

慢慢地

你开始想要坐起来

你越发像个"小大人儿"了

表情时而认真，时而洒脱

同时

你又像一只欢脱的小精灵

灵动而又充满希望

成长
的印记

时光何时溜走的呢?

不觉间,

宝宝已经满五个月啦!

身长: _____ cm

体重: _____ kg

头围: _____ cm

 育儿加油站

Q: 宝宝变得很怕生,见到陌生人就哭,是怎么回事?

A: 宝宝的情感更丰富了,开始有了依恋、害怕、厌恶、喜好等情绪,接触陌生的人或环境会害怕,对熟人表现出明显的好感,对妈妈的依恋也空前强烈,当意识到妈妈要离开的时候会哭闹。这是宝宝情感发展的标志,父母要以理解和陪伴帮宝宝建立安全感。

别忘了到育学园
记录宝宝生长情况哟

值得纪念的小细节

可以扶坐了吗? _____

会寻找家长藏起来的玩具吗? _____

能拿起小玩具吗? _____

现在会发什么音? _____

最喜欢听的儿歌: _____

听到音乐有怎样的表现? _____

有没有开始认生? _____

育儿加油站

Q: 宝宝快出牙了，要开始刷牙了吗?

A: 在宝宝出牙前，就应养成每次喝奶后用白水漱口的习惯。家长每天可以洗净手帮助宝宝按摩牙龈，以便宝宝熟悉口腔的异物感，增加以后对牙刷的接受度。如果宝宝已经开始出牙，家长可以每天使用硅胶指套帮助宝宝刷牙和按摩牙龈。

宝宝长牙了吗？

宝宝长牙了吗？ ………………………… 是☐　　否☐

有发现他因为出牙痛而烦躁吗？ …………… 是☐　　否☐

很多宝宝从现在起都开始萌牙了，

从此刻开始，

爸爸妈妈再也见不到他满嘴没有一颗牙的笑容了，

说起来有点伤感，

所以，趁着"小荷才露尖尖角"，

赶紧记下宝宝出牙期的故事，

并拍照留念吧。

没牙照或萌牙照粘贴区域

宝宝的第一幅"淘气"作品

宝宝喜欢上了抽纸、撕纸？一地碎屑让你有些头痛？

别烦心，这是宝宝在练习小手的精细动作。

不妨把一地"残骸"收集起来，

发挥想象，做一幅画吧。

等宝宝长大以后，你可以拿着这幅作品告诉他：

看，这是当年你"淘气"的杰作哟。

育儿就像升级打怪，
每天都有任务等着你

月	1	2	3	4	5	6	7	8	9	10	11	12	13	14	15

发现了没？这次的打卡页，

完全"自由"了，相信育儿经验逐渐丰富的你，

一定有很多项目想填进去。

月	16	17	18	19	20	21	22	23	24	25	26	27	28	29	30	31

随便记记

星期	日期	记录	星期	日期	记录	星期	日期	记录

写下今天的故事,

不时翻看,你会发现,

回忆的颜色会改变哟。

星期	日期	记录	星期	日期	记录	星期	日期	记录

宝宝半岁啦

时光似流水，宝宝已经陪伴你走过半年的时光，

不管是从春到秋，还是从冬到夏，不可否认的是，你们已经越来越默契。

这个月，你与宝宝相处得如何？

宝宝学会了什么新本领？

你又在哪方面有了新的成长？随便聊聊吧。

半岁照片墙

随便拍拍

正面照

学会的新技能

带你
开启美味人生

（宝宝出生后的第七个月）

喝了六个月的奶

觉得有点乏味了，是不是

从今天起

爸爸妈妈将带你开启美味人生

愿你变身一枚"小吃货"

尝尽世间的美食与快乐

成长
的印记

满半岁啦!

终于迎来了成长道路上

又一个小小的里程碑。

身长: _____ cm

体重: _____ kg

头围: _____ cm

Q: 该怎么科学地给宝宝添加辅食?

A: 宝宝第一口辅食应添加含铁婴儿营养米粉,遵循由少到多的原则。两周后,如果宝宝的接受度比较好,可以尝试添加菜泥和果泥。为了符合我国的饮食习惯和避免宝宝挑食,菜泥要和米粉混在一起,果泥单独添加。注意,绿叶菜制作时不要用辅食机打得过烂,避免其中的纤维素被破坏。

 别忘了到育学园
记录宝宝生长情况哟

人生第一口饭

第一次添加辅食的日期：_____

吃的第一口辅食是什么？_____

给宝宝做第一餐辅食的是：_____

给宝宝喂第一口辅食的是：_____

宝宝吃人生的第一口辅食有什么反应？_____

_____

人生第一口饭的留念

宝宝的第一口米粉，

留下一滴吧！

将调好的米粉滴在餐巾纸上晒干，

贴在下方指定位置，

让人生第一次的饭香永存。

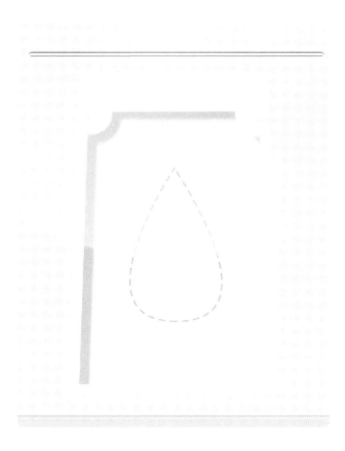

宝宝的专属食谱

吃婴儿营养米粉两周之后，

宝宝没有什么不适，

接下来还能吃些什么呢？

那当然是菜泥和果泥啦！

按少量、简单的原则，

一种一种地给宝宝添加辅食，

在一种食物进食至少三天后，

再添加另外一种食物。

记得记录食谱，

并仔细观察宝宝的接受情况。

那么，关于辅食添加，

还有哪些知识需要学习呢？

去育学园 App 看看吧。

微信扫一扫
马上查看《6～12月龄宝宝辅食记录，180天辅食食谱》

日期	蔬菜	水果

育儿就像升级打怪，
每天都有任务等着你

月	1	2	3	4	5	6	7	8	9	10	11	12	13	14	15

完成任务时，

越来越得心应手了是不是？

要保持记录的好习惯哟。

月	16	17	18	19	20	21	22	23	24	25	26	27	28	29	30	31

随便记记

星期	日期	记录	星期	日期	记录	星期	日期	记录

随意留下岁月的痕迹，

别忘了填上当天的日期哟。

星期	日期	记录	星期	日期	记录	星期	日期	记录

宝宝七个月啦

经历过添加辅食的过程，是不是觉得他已经成长为一个大宝宝了？面对丰富多彩的美

食世界，他开始有了自己的选择和好恶。

这个月，你与宝宝相处得如何？除了开始吃辅食，宝宝还学会了什么新本领？你又在

哪方面有了新的成长？随便聊聊吧。

七个月照片墙

随便拍拍

正面照

第一次吃辅食

前进，
开始你匍匐的人生

匍匐潜藏着暗流涌动的力量

你人生中的第一次挪动

马上就要从匍匐开始了

在此之后

你的每一次匍匐前进

都是为了将来更好地前行

希望你能行走出自己绚烂的人生

成长
的印记

开始添加辅食的宝宝，
成长得越发茁壮。

身长: _____ cm

体重: _____ kg

头围: _____ cm

Q: 该什么时候添加□□辅食？

A: 宝宝 7 个月□□□□逐渐添加肉类辅食了，尤其是红肉，包括牛□□□□肉等，因为其中富含铁元素，可以弥补宝宝□□□妈母乳中铁元素供不应求的情况。

□育学园
□录宝宝生长情况哟

宝宝的那些成长细节

宝宝会用什么肢体语言表达自己了？例如摆手表示"你好"、摇头表示"不要"：

_____

会发"爸爸"或"妈妈"的音了吗？_____

宝宝会因为什么事开心？_____

宝宝会因为什么事不开心？_____

宝宝和哪位家庭成员最亲近？_____

第一次匍匐的日期：_____

宝宝目前最爱吃的辅食：_____

给宝宝布置爬行区域了吗?

眼看孩子一天天长大,开始练习匍匐前进,床上、沙发上的空间显然已经不够宝宝活动啦。有没有在家里铺上爬行垫、给宝宝开辟游戏区呢? 晒晒你的杰作吧!

可以贴照片,也可以画下来哟

Q: 怎么引导宝宝爬行?

A: 首先要明确,引导宝宝爬行不是强迫、训练宝宝爬行,而是在宝宝有爬行意愿的前提下,为他提供练习的机会。例如,家长可以让宝宝趴在爬行垫上,而自己则蹲坐在宝宝面前用玩具吸引宝宝向前爬。一开始,家长不要距离宝宝太远,一两步的距离足矣。

这些我都能吃啦！

主食

蔬菜

_____   _____

_____   _____

_____   _____

_____   _____

距离宝宝第一次添加辅食已经过去一个月啦。

你看，宝宝能吃的食物种类越来越多了呢，

这仿佛意味着，他正式开始了作为"小吃货"的人生，

你是不是很有成就感？

把宝宝已经能吃的食材写在相应的分类中，

做一个宝宝专属的安全食材库吧。

肉类

水果

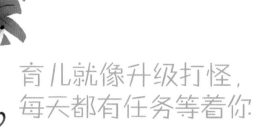

育儿就像升级打怪,
每天都有任务等着你

月	1	2	3	4	5	6	7	8	9	10	11	12	13	14	15

这个月，

你有没有"发明"什么新任务？

写下来，坚持打卡哟。

月	16	17	18	19	20	21	22	23	24	25	26	27	28	29	30	31

随便记记

星期	日期	记录	星期	日期	记录	星期	日期	记录

是不是越来越喜欢记录的感觉？

别放过每个想留下的瞬间。

星期	日期	记录	星期	日期	记录	星期	日期	记录

宝宝八个月啦

宝宝的大运动能力有了哪些进步?

这个月,你与宝宝相处得如何?

宝宝又学会了什么新本领?

你又在哪方面有了新的成长?随便聊聊吧。

使用育学园 App 测评功能
全方面了解宝宝发育情况

八个月照片墙

匍匐照

正面照

本月最难忘的瞬间

当你
第一次踮起脚尖

（宝宝出生后的第九个月）

经过数月的积累

你马上就要用力站起来了

就像一颗饱满的种子

即将勇敢地冲破泥沙

将嫩绿的芽指向天空

成长
的印记

身长: _____ cm

体重: _____ kg

原来，

见证成长是那么幸福的一件事。

头围: _____ cm

Q: 宝宝是不是可以学走路了？

A: 宝宝学步不宜太早。学步之前需经历趴、抬头、坐、爬、站五个环节，且每个环节必不可少。宝宝完成以上动作的同时也伴随着四个生理弯曲的形成，只有生理弯曲形成后，才能走得稳，过早学走路，对宝宝脊柱发育不利。

别忘了到育学园
记录宝宝生长情况哟

宝宝的那些成长细节

宝宝第一次扶站的日期：＿＿＿＿＿＿＿＿＿＿＿＿＿＿＿＿＿＿＿＿＿

最喜欢和家长玩的游戏：＿＿＿＿＿＿＿＿＿＿＿＿＿＿＿＿＿＿＿＿＿

会因为什么小事咯咯大笑？＿＿＿＿＿＿＿＿＿＿＿＿＿＿＿＿＿＿＿＿

会用两只手拿玩具了吗？＿＿＿＿＿＿＿＿＿＿＿＿＿＿＿＿＿＿＿＿＿

有没有自己吃饭的冲动？＿＿＿＿＿＿＿＿＿＿＿＿＿＿＿＿＿＿＿＿＿

见到陌生人有什么反应？＿＿＿＿＿＿＿＿＿＿＿＿＿＿＿＿＿＿＿＿＿

妈妈出门时会不会哭？＿＿＿＿＿＿＿＿＿＿＿＿＿＿＿＿＿＿＿＿＿＿

―――――――――――――― 育儿加油站 ―――

Q：怎么教宝宝学说话？

A： 语言学习，足够的输入是前提。想要宝宝语言能力发展得好，从他出生起，家长就要多和他说话交流，引导他将动作和语言相结合。当他开始会说一些简单词语时，家长可以用"明知故问"的方式引导宝宝主动表达。

带宝宝出门游玩的难忘经历

宝宝有过出游经历吗?

旅途中发生了什么有趣的故事?

记下那些让你难忘的瞬间吧。

把此次出游最能留下美好记忆的小物件

装进书后的"出游纪念封",贴在这里。

做一棵荫庇宝宝的大树

爸爸妈妈和宝宝一起完成这幅画吧:

大人画下一棵大树,

和宝宝一起用各种颜色的印泥或颜料,

在空空的枝丫上印上全家人的手指印,

就像一棵参天大树上,

结满了五颜六色的果实。

看到家长的动作,

宝宝可能会主动模仿哟。

印上全家的手指印，完成一幅画

育儿就像升级打怪，
每天都有任务等着你

月	1	2	3	4	5	6	7	8	9	10	11	12	13	14	15

这个月，

你又设计了什么有趣的任务？

记录下来，按时打卡吧。

月	16	17	18	19	20	21	22	23	24	25	26	27	28	29	30	31

随便记记

星期	日期	记录	星期	日期	记录	星期	日期	记录

当初那个只会躺在床上咿咿呀呀的小人儿，

开始每天给你惊喜。

别偷懒，记下来吧。

星期	日期	记录	星期	日期	记录	星期	日期	记录

宝宝九个月啦

你怀抱中的小婴儿，慢慢长成了一个大宝宝。

他开始想探索更广的世界，还会淘气捣乱。

这个月，你与宝宝相处得如何？

宝宝的食欲如何？他学会了什么新本领？

你又在哪方面有了新的成长？随便聊聊吧。

使用育学园 App 测评功能
全方面了解宝宝发育情况

九个月照片墙

出去玩喽

正面照

和爸妈一起做游戏

就这样看着你，
慢慢长大

（宝宝出生后的第十个月）

就这样看着你

由躺到坐、由坐到爬、由爬到站

如今

你马上就要蹒跚迈步了

我不禁感慨万千

你终将学会独自行走

在这车水马龙的人世间

成长
的印记

世界在宝宝眼里越来越大，

而他，在你的眼里，

也越来越大。

身长：＿＿＿＿＿＿ cm

体重：＿＿＿＿＿＿ kg

头围：＿＿＿＿＿＿ cm

Q：宝宝总爱扔东西，怎么办？

A： 随着宝宝的手臂越来越有力气，他开始会乱扔东西了。其实，这几乎是每个宝宝成长中都要经历的阶段，是宝宝感知事物关系的学习过程，可以锻炼宝宝的大运动能力。但如果宝宝是因为发脾气而扔东西，家长也不要对宝宝横加指责，可以尝试无视或转移宝宝的注意力，免得宝宝认为扔东西可以达到自己的目的。

别忘了到育学园
记录宝宝生长情况哟

宝宝的那些成长细节

会执行家长的什么口令？ _____

现在最喜欢坐、爬还是站？ _____

结交几个小伙伴了？写下他们的名字吧： _____

最爱吃的辅食： _____

最爱吃的零食： _____

家长抱别的小朋友时，宝宝会哭吗？ _____

—— 育儿加油站 ——

Q： **宝宝要不要上早教课？**

A： 首先家长要明确自己的目的，同时从宝宝的各方面生长发育情
况判断是否需要接触更多小朋友、参与更多集体活动，并且要
综合家庭经济情况，决定要不要上早教。对于早教课这种学习
方式，家长不要当作潮流，不要太功利，也不要盲目跟风。

宝宝最爱的辅食

宝宝的辅食从泥糊状的食物

变得越来越多样,

写下你最得意的辅食菜谱吧。

食材: _____

制作步骤: _____

_____

_____

制作心得: _____

_____

_____

_____

小·牙刷的痕迹

让宝宝用自己人生第一支小牙刷或指套牙刷，蘸上颜料，画一幅"牙刷画"吧。

育儿就像升级打怪，
每天都有任务等着你

月	1	2	3	4	5	6	7	8	9	10	11	12	13	14	15

现在你已经是"高段位"选手了吧?

每日任务有没有升级呢?

月	16	17	18	19	20	21	22	23	24	25	26	27	28	29	30	31

随便记记

星期	日期	记录	星期	日期	记录	星期	日期	记录

别嫌记录太烦，

多年以后，

你只会感叹回忆太少。

星期	日期	记录	星期	日期	记录	星期	日期	记录

宝宝十个月啦

宝宝是不是已经能扶站了呢?

这个月，你与宝宝相处得如何?

他学会了什么新本领?

你又在哪方面有了新的成长?

随便聊聊吧。

十个月照片墙

我生气了

正面照

嗨，站起来！

愿你
永远与美好同在

（宝宝出生后的第十一个月）

宝宝

我们就要走过第一个春夏秋冬

春天，你如一棵破土的嫩芽

夏天，你如一抹如泉的凉荫

秋天，你如一树饱满的果实

冬天，你如一团炽热的篝火

在未来我们相伴的日子里

无论何时

都希望你与美好的事物同在

成长
的印记

又一批衣服因为短小被淘汰了吧?
这种成长的"代价"让人莫名
觉得有点甜蜜。

身长: _____ cm

体重: _____ kg

头围: _____ cm

Q: 宝宝尝试走路却总是摔跤,为什么?

A: 宝宝刚学走路时,可能会因为走得不稳磕碰到自己,家长不要因为担心他摔倒就剥夺他练习走路的权利,可以在家具上贴好防撞条、防撞角,做好全面的保护措施,给宝宝一定的自由空间。通过不断地练习和调整,宝宝才能走得更稳。

 别忘了到育学园
记录宝宝生长情况哟

宝宝的那些成长细节

宝宝会配合家长做的事：_____

_____

会模仿家长的行为：_____

最喜欢的儿歌：_____

最喜欢的绘本：_____

近期最让家长生气的经历：_____

先叫爸爸还是妈妈：_____ 具体日期：_____

育儿加油站

Q： 宝宝能吃零食吗？吃哪种？

A： 不建议家长给宝宝提供零食，以免影响食欲，造成偏食、厌食。
但有一种情况例外，就是宝宝在出牙期学习咀嚼时，可以给宝
宝准备一些磨牙饼干作为功能性食物，训练宝宝的咀嚼能力。

爸爸与宝宝的回忆

这一页，完全交给爸爸吧，

可以回忆一下宝宝的到来、宝宝的成长，

也可以写一些与宝宝的难忘经历。

父爱如山。

宝宝的第一双鞋

第一双鞋: _____

尺码: _____

购于: _____

购买人: _____

价格: _____

为什么会选它作为宝宝的第一双鞋?

_____

_____

_____

宝宝迈出人生的第一步了吗?

无论这一里程碑时刻是否到来,

相信宝宝都已经有了自己的第一双鞋。

现在记录下关于宝宝第一双小鞋的一切,

然后印上小鞋印留作纪念。

育儿就像升级打怪，
每天都有任务等着你

月	1	2	3	4	5	6	7	8	9	10	11	12	13	14	15

宝宝的本事越来越大喽，

任务也更丰富了，

全部记录下来吧。

月	16	17	18	19	20	21	22	23	24	25	26	27	28	29	30	31

随便记记

星期	日期	记录	星期	日期	记录	星期	日期	记录

成长的日子，每月都伴着惊喜，

记录下这些美好的回忆吧。

别忘了填上日期哟。

星期	日期	记录	星期	日期	记录	星期	日期	记录

宝宝十一个月啦

越来越懂事的小人儿，

和你的互动也变得更加密切和有趣起来。

这个月，你与宝宝相处得如何？

他学会了什么新本领？

你又在哪方面有了新的成长？

随便聊聊吧。

十一个月照片墙

好奇

正面照

认真看书

当你
迈开人生第一步

（宝宝出生后的第十二个月）

亲爱的宝贝，时间过得真快

不知不觉你就要一周岁了

很庆幸没有错过你成长的每一步

从呱呱坠地

到第一次抬头、第一次翻身、坐起，

从爬到站立

第一次哭，第一次笑

第一次叫爸爸妈妈

第一次做鬼脸

第一次钻进被子玩躲猫猫

此时此刻，你正在安睡

我要拿起笔记下更多回忆

成长
的印记

不觉间，

那个柔软的小家伙儿，

已经变得有力又挺拔。

身长：＿＿＿＿＿＿ cm

体重：＿＿＿＿＿＿ kg

头围：＿＿＿＿＿＿ cm

： 宝宝这一年长得怎么样？

A： 这一年来，每个月都坚持做育儿记录了吗？到育学园 App 查看
生长曲线图吧，看看这一年来他生长的趋势如何，出现了哪些
波折，总结下自己这一年来在养育上存在哪些问题。可以将生
长曲线图打印出来，作为这一年来的育儿纪念。

添加本月身高、体重数据
绘制完整 0 ～ 1 岁宝宝生长曲线

宝宝的那些成长细节

宝宝出了几颗小牙？ _____

能吃哪些块状食物？ _____

会说哪些新词语？ _____

会拿起画笔乱写乱画吗？ _____

会"故意"扔东西玩吗？ _____

会跟大人反着来吗？ _____

妈妈回家时宝宝会有哪些反应？ _____

我的一岁生日

宝宝一周岁啦！有没有拍周岁照或全家福？

在拍照的过程中发生了哪些有趣的事？

家乡在宝宝周岁时有哪些纪念习俗吗？

都记录下来吧！

到育学园晒宝宝
抓周的照片吧

Q: 宝宝想"独立"时，家长怎么做？

A: 随着宝宝逐渐长大，他会变得越来越独立，但并不代表他不需要你的陪伴。当他尝试"独立"时，只要他需要，你可以随时出现在他身边，这样，宝宝才会逐渐克服心理障碍，慢慢地变得真正独立并强大起来。

宝宝的第一幅画作

让宝宝在这里留下第一幅画作吧，

可以用小手蘸上颜料完成一幅手指画，

也可以让他拿起幼儿专用画笔随意发挥。

一家人

宝宝是爱情的结晶，

是承诺的有力标志。

这一年来，我们齐心协力，

共同迎接育儿的挑战，也享受着满满的爱、惊喜和深深的幸福。

（在页面空白处印下爸爸、宝宝和妈妈的手印吧！）

育儿就像升级打怪,
每天都有任务等着你

月	1	2	3	4	5	6	7	8	9	10	11	12	13	14	15

恭喜你，

做完这个月的任务，

就要升级了哟！

月	16	17	18	19	20	21	22	23	24	25	26	27	28	29	30	31

随便记记

星期	日期	记录	星期	日期	记录	星期	日期	记录

一年时间匆匆而过，

你是否已经开始感慨？

星期	日期	记录	星期	日期	记录	星期	日期	记录

宝宝一周岁啦

回顾下宝宝这一年来的成
长和变化，妈妈有哪些感
触呢？这一年来，爸爸妈
妈自己又发生了哪些变
化？这一年是幸福甜蜜的，
还是焦虑困扰的，或是平
静安逸的？都记录下来吧!

一周岁照片墙

快乐花絮

宝宝周岁照

大眼睛

宝宝
大事记

用镜头，

仔细记录下所有"第一次"吧!

第一次洗澡

第一次俯卧

第一次抬头

第一次翻身

第一次打疫苗

第一次拍证件照

第 一 次 外 出

第 一 次 理 发

第一次坐

第一次交朋友

第一次逛公园

第一颗小牙

第一次刷牙

第一双小鞋

第一次吃辅食

第一次剪指甲

第一次爬

第一次旅行

第一次读书

第一次逛超市

第一次照镜子

第一次站立

第一次叫爸爸妈妈

第一次走

第 一 次 生 病

第 一 次 过 年

第一次和妈妈自拍

第一次过生日

宝宝
第一年的账单

按类别汇总宝宝每个月的花销，能帮你更好地规划家庭财务。

	纸尿裤	衣物	玩具	绘本	奶粉	辅食
第 1 个月						
第 2 个月						
第 3 个月						
第 4 个月						
第 5 个月						
第 6 个月						
第 7 个月						
第 8 个月						
第 9 个月						
第 10 个月						
第 11 个月						
第 12 个月						
开销总计						
收到红包总计						

	零食	游玩	早教	保险	其他	合计
第 1 个月						
第 2 个月						
第 3 个月						
第 4 个月						
第 5 个月						
第 6 个月						
第 7 个月						
第 8 个月						
第 9 个月						
第 10 个月						
第 11 个月						
第 12 个月						

回忆珍藏

把宝宝这一年可以留念的纸质物品贴在这里吧。

例如：给宝宝制作的生日帽，收到的红包、贺卡，以及礼物单、购物单据、游乐园门票、没有地方贴的照片、生日聚会上的小纪念品，等等……如果还有更多想要收藏的纪念物，可以放在本子后面的小信封里。

百日纪念封

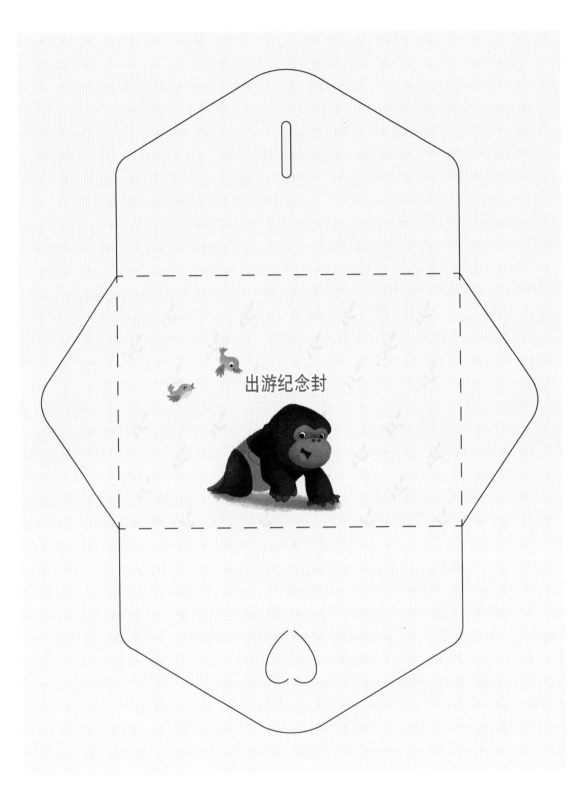

出游纪念封